走进奇妙的几何世界

奇妙的三角

[英] 格里·贝利 [英] 费利西娅·劳 著

[英] 迈克·菲利普斯 绘 李耘 译

北京联合出版公司
Beijing United Publishing Co.,Ltd.

跟着雷奥学几何

雷奥生活在距今 30000 年前的旧石器时代，是当时最聪明的孩子。

这就是雷奥！

高智商，创造力堪比达·芬奇，还远远、远远走在时代前沿……

这是兔狲帕拉斯——雷奥的宠物。

帕拉斯是野生猫类，说他是旧石器时代的也没错，他的祖先可以追溯到好几百万年前，可比雷奥的祖先出现得早多了！现在已经很少能看到兔狲了，除非你去西伯利亚北部（俄罗斯的最北边）冰冻、寒冷的荒原。

在俄罗斯北部偏僻的高原地带仍然可以看到兔狲。

目录

照片引用：

封面（主图）EcOasis（右）risteski goce
扉页（主图）EcOasis（右）risteski goce
P. 2 Gerald Lacz/age footstock/superstock
P. 3 David M. Schrader
P. 5 （上）Costin Cojocaru （中）anaken2012 （下）Vadim Kozlovsky
P. 7 （上）Mare Dietrich （中）Benedictus （下）Guapsi
P. 9 （上）olly （下）Lukiyanova Natalia/frenta
P. 11 （左下）Tony Froyen （右上）Stephen Aaron Rees （右下）woodsy
P. 13 （左上）Yuriy Boyko （左下）twobee （右上）hansenn （右下）Heiko Kiera
P. 14 spirit of America
P. 14/15 （中上）Pierre Jacques/Hemis/Corbis
P. 15 （左）Bobkeenan Photography （右）Giancarlo Liguori （右下）spirit of America
P. 21 （上）basel101658 （右）Pete Pahham （下）Carl Staub
P. 23 （右中）Mikel Martinez （下）Matteo Festi
P. 25 （右上）spirit of America （右下）Dan Breckwoldt
P. 27 （上）Bjorn Stefanson （下）Steve Newton
P. 29 （左上）visceralimage （右下）LeDo （右）Tony Linck / SuperStock
P. 31 （左上）Yaroslav （中上）Yaroslav （右上）DEKA-NARYAS （下）StudioSmart

除特别注明外，所有照片都来源于 Shutterstock.com

边

"帮帮我！"雷奥说,他手里拿着一根长长的树枝,"我要建个降落场。"

"降落场是什么？"帕拉斯挠着耳朵说。

"就是一个可以降落的地方,"雷奥回答,"而且得是这个形状的。"

"看,"雷奥说,"像这种有三条边的形状叫作三角形。"

帕拉斯帮着雷奥用长树枝摆出了一个三角形。

"太棒了,"雷奥说,"现在我们只要等它们降落就行了。"

"它们？"帕拉斯问。

"大雁,"雷奥说,"看！"

帕拉斯抬起头,看见一群大雁呈"人"字形朝他们飞过来。

三角形

三角形有三条边，三条边的长度不一定相同。

三条边一样长

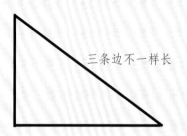

三条边不一样长

三角形有三个角。

有的三角形三个角一样大，有的不一样大。

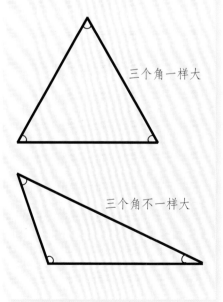

三个角一样大

三个角不一样大

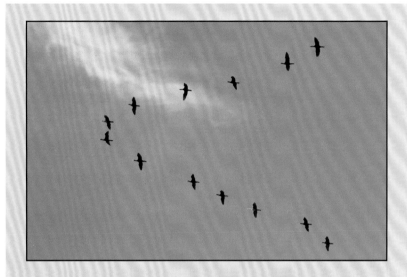

鸟群呈"人"字形飞翔

在长途迁徙时，很多鸟群都排成三角形的队形飞。飞在前面的鸟儿扇动翅膀，使空气向上运动，后面的鸟儿便可以利用上升气流，飞得更快、更省力。此外，三角形的队形还有助于鸟群传递信息、调整方向。

折纸艺术

这件艺术品使用了各种各样的三角形。

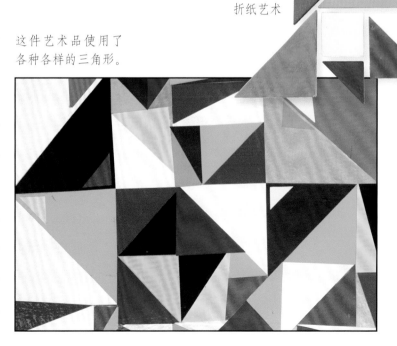

三角形家族

"我们要去露营，"雷奥说，"要在星空下睡两个晚上。"

"在星空下？"帕拉斯说，"你的意思是我们要睡在满是爬虫的草地上，还要被野兽闻来闻去？"

"不，我们有帐篷。我们用树枝把这些兽皮撑起来。"雷奥说，"看——帐篷，这是个完美的三角形，帐篷的门也是三角形的。"

帕拉斯在搭他自己的帐篷。

可真是不容易啊！

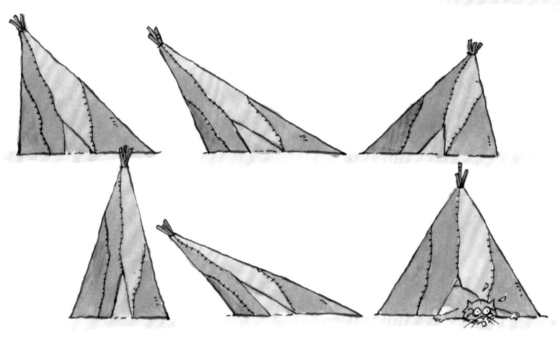

各种各样的三角形

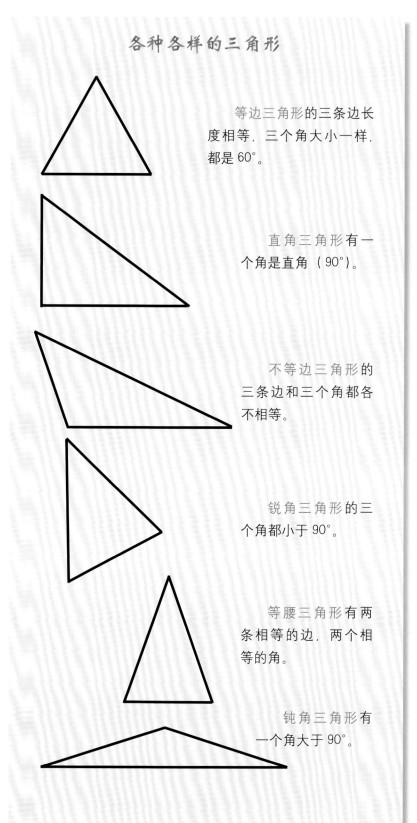

等边三角形的三条边长度相等，三个角大小一样，都是 60°。

直角三角形有一个角是直角（90°）。

不等边三角形的三条边和三个角都各不相等。

锐角三角形的三个角都小于 90°。

等腰三角形有两条相等的边，两个相等的角。

钝角三角形有一个角大于 90°。

台球游戏开始前，要将所有的球摆放在一个近似等边三角形的框架里。

印第安人的帐篷的形状也是一个完美的等边三角形。

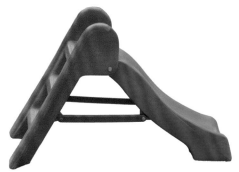

这个滑梯的形状是一个不等边三角形。

角

雷奥又开始忙了，他要建一座塔。建好以后，他就可以站在塔顶瞭望远方。

"你要看什么啊？"帕拉斯问。

"危险的动物，"雷奥说，"巨大的毛乎乎的猛犸象、穴居熊，还有剑齿虎。你的同伴们爪子锐利，胃口好得很。"

"我也得瞭望一下，"帕拉斯说，"我得看有没有猎人——你的同伴们有尖利的长矛，胃口也好得很。"

"好了好了，"雷奥说，"你也可以上来。"

帕拉斯看了看，塔倒不是很高，不过歪得很厉害。

"别担心，"雷奥说，"我会把它弄直的。"

雷奥的塔建得越来越高，但看起来总是不直！

角

三角形的三条边两两相交，相交处形成的图形是角。

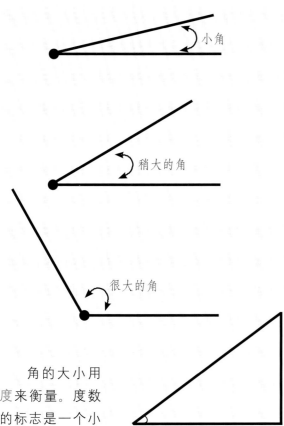

小角

稍大的角

很大的角

角的大小用度来衡量。度数的标志是一个小小的圆圈，角的标志是两边之间的一个小圆弧。

三角形的三个内角之和永远等于180°。

望远镜的支架有三条腿，在地面上形成了一个三角形，这个三角形的内角之和是180°。

著名的比萨斜塔与地面垂直方向的夹角约为4°。

9

等边三角形

"好啦！"雷奥说，"走这条路！"

"我们要去哪儿？"帕拉斯问。

"不，是你要去哪儿！"雷奥说，"你顺着这条路走。我沿路放了些叶子，你顺着它们穿过森林。我看看这次你会不会迷路。"

"我当然会迷路。"帕拉斯说。

"你不会的。看，叶子是三角形的，就像箭头一样，可以指示方向。"雷奥说。

帕拉斯出发了。他沿着"箭头"所指的方向穿过森林，十分钟后就回来了。

"太容易了！"他说。

雷奥非常惊讶。因为他耍了个小把戏，摆错了其中几片叶子的方向，但根本没骗过帕拉斯。帕拉斯是怎么找到正确的路的呢？

"嗯！"帕拉斯说，"我是猫嘛，我才不用管那些'箭头'呢，只要跟着你的气味儿走就行了。"

等边三角形

三条边长度相等的三角形叫作等边三角形。

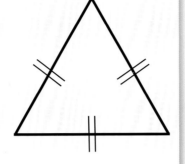

在每条边的中间画上短线，用来表示三条边的长度相等。

如果三角形的三条边一样长，那这个三角形的三个角也一样大，都是60°。

在每个角上画上曲线，用来表示三个角的大小相等。

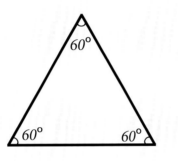

等边三角形很适合用作标志。图中这两个标志说明这条路上可以骑车和骑马。

这座雕塑是荷兰艺术家和数学家马蒂厄·西米克斯的作品，位于比利时一个叫奥否汶的村子中心。

这种颜色醒目的等边三角形被用作高速路上的警示标志。

等腰三角形

雷奥在打扫山洞。

"这些放在这儿,"他嘟囔着,"那些放在那儿。"

"你挪一下!"他告诉帕拉斯,"我要把这些兽皮挂起来,免得它们起皱。"

"但这是我的床呀。"帕拉斯说。

"不,"雷奥说,"这不是你的床,这是我的衣服,看看被你弄得多乱!"

雷奥找来三根短树枝,把它们绑成一个三角形,然后用铁丝拧了一个钩子,插进三角形树枝的顶端。

"看,"他对帕拉斯说,"这是个衣架。"

不过帕拉斯一点儿兴趣都没有,他才不需要衣架呢。

他需要一张床!

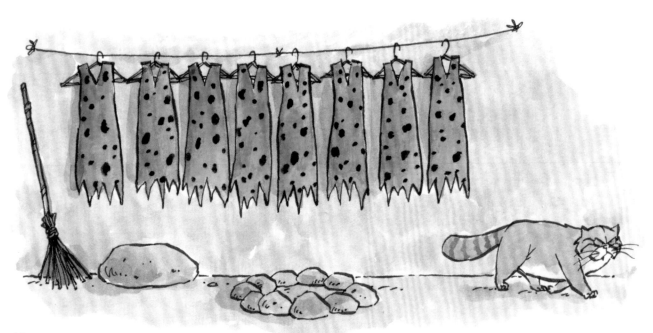

等腰三角形

等腰三角形有两条长度相等的边，这两条边对着的角的大小也相等。我们通常把另外一条边称为底边。

等腰三角形的底边可以比另外两条边长。

等腰三角形的底边也可以比另外两条边短。

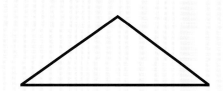

衣架是一个底边比另外两条边长的等腰三角形。

这些旗子的形状是等腰三角形，底边比另外两条边短。

从远处看，这些树的形状是等腰三角形。

这只犰狳的鳞甲的形状是等腰三角形。

13

建筑中的三角形

　　三角形很稳固，常被用于建筑中。像教堂、桥梁和住宅中都会用三角形结构做支撑。有一种桁架是三角形的，形成三角形屋顶结构的墙被称为山形墙。

　　三角形的任意两边都相互倚靠，端点所受的冲击力或者压力会传到两边。三角形的任意两条边都会支撑着第三条边，因此它总是能保持形状不变。

若干个三角形框架组合到一起，可以形成网格球顶。这种网格球顶也是一种桁架。

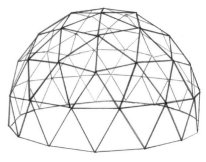

位于法国南部的米约高架桥是一座斜拉桥，吊起桥面的拉索和桥塔、桥面形成了三角形。

山形墙

三角形构架令埃菲尔铁塔很稳固。

15

不等边三角形

"你在干吗？"雷奥问。
"我在修我的自行车，"帕拉斯说，"车架有问题。"

"不只是车架，"雷奥说，"整辆自行车上的零件都松了，你的自行车快散架了！重新组装可能更快。"
帕拉斯把零件一个一个拾起来。
雷奥说得对，重新组装可能更容易！

他们找来五根结实的棍子，做新的车架。
这一次自行车可不会散架了。
车座、车把、踏板、齿轮和轮子都装好了。

帕拉斯骑着自行车走了。

可十分钟后，他又回来了。
"怎么了？"雷奥问。

帕拉斯说："石器时代自行车俱乐部的会员们都想拥有一辆这样的自行车。车架结实又牢固，再也不用担心摔散架了。"

不等边三角形

不等边三角形的三条边长度都不一样，角的大小也不一样。在不等边三角形的三条边上分别画上一条、两条、三条短线，就表示每条边都不一样长。

三角板可以用来测量角度。

这辆自行车的车架是由两个三角形的框架组成的，通常被称为菱形车架。

直角三角形

"快看！"帕拉斯说，"有两个你，一个在上面，一个在下面。"

"那是我的影子，"雷奥说，"不是真正的我。"

"它真的很像你啊，"帕拉斯说，"你走到哪儿它就跟到哪儿，你做什么它就做什么。"

雷奥直直地站着。
帕拉斯说得很对。
他的面前是一条拉得长长的影子，
跟他的身体形成了一个完美的直角。

"你也有影子。"雷奥说。
但是不管帕拉斯怎么站，他的影子都是圆圆的一团！

直角三角形

直角三角形有一个角是 90°。

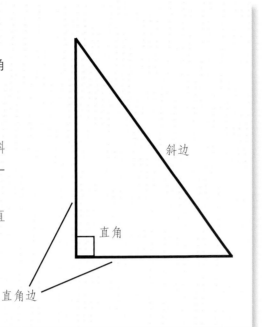

90° 的角叫作直角。

直角所对的边叫作斜边，是三条边中最长的一条。

另外两条边统称为直角边。

图中标注：斜边、直角、直角边

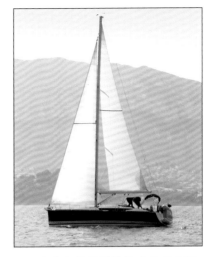

有的船帆的形状是直角三角形。

在阳光的照射下，人的身体和地上的影子形成了一个直角。

日晷

人们最早是用日晷来测算时间。日晷通常由指针、与指针垂直的圆形石盘组成。这根指针叫作晷针。

圆盘表面刻着刻度，代表时辰。晷针的影子投在圆盘上，就指示出了此刻的时间。

你可以围绕一根树枝画一个钟面，做一个简单的日晷。

影子与晷针成 90° 角，并指示出时间。

音乐中的三角形

"我们的乐队需要一件新乐器。"雷奥说。
"乐队？"帕拉斯说，"我们才两个人啊！"

"我知道，"雷奥说，"所以我们才需要新的乐器嘛，我们得多弄出点儿声音来。"

"我敲鼓可以敲得更重一点儿，"帕拉斯说，"我还可以边敲鼓边吹猛犸象牙。"

"帕拉斯，我们要的不是噪音，"雷奥说，"是音乐！"

雷奥开始制作新的乐器。
他把三根骨头绑在一起，做成一个三角形，然后用树枝敲骨头，发出声响。
他开始制作大小不同的三角形乐器，每一个三角形乐器的音色都不同。

"好了，"帕拉斯说，"要不我来唱首歌？"
"要是你非唱不可的话，"雷奥说，"那就唱吧！"

帕拉斯唱起歌来："好猫抓到瞎老鼠，啊，啊，啊！"

三角琴是俄罗斯独有的一种弦乐器。琴体是三角形的，有三条边，大部分用木头做成。三角琴有三根弦。

三角铁是这样演奏的。

音乐中的三角形

三角铁是一种打击乐器，通常用铁制作，也可以用其他金属，比如铜。三角铁一般悬吊在绳子或金属线上，在金属棒的敲击下振动，会发出一种悦耳的声音，此时不能用任何东西碰触它，否则三角铁会停止振动，这一点非常重要。

美国音乐家凯勒·威廉姆斯常常在他的摇滚乐、爵士乐等各种类型的音乐中使用打击乐器。

十八世纪时，音乐家们开始在编曲时加入三角铁元素，莫扎特、海顿和贝多芬这些著名的音乐家都用过。在李斯特的《第一钢琴协奏曲》中，三角铁首次作为独奏乐器出现。

摇滚乐队也会使用三角铁。

斜坡

帕拉斯在训练。

因为这个星期就要举办猫狗大赛了，他参加了其中的敏捷度比赛。

"问题是，"雷奥说，"你不太敏捷。我的意思是说，你跑得不快，跳得也不高。就连爬座小山，你都喘得不行。"

但帕拉斯想要试试。

他想从那些栏杆中挤过去，结果却被卡住了，花了好长时间才脱身。

他想跨栏，结果把栏杆压垮了，好不容易才把栏杆修好。

他登上斜坡，但是没办法跑下去。

"怎么啦？"雷奥说。
"我不喜欢斜坡，"帕拉斯说，"我会滑倒的。"

帕拉斯趴在斜坡顶上，怎么也想不出下去的办法……

除非，他像这样滑下去。

钝角三角形

钝角三角形有一个角是钝角。钝角就是大小在 90°和 180°之间的角。

三角形中，钝角所对的边最长。

在这个钝角三角形中，和底边相对的角是钝角。

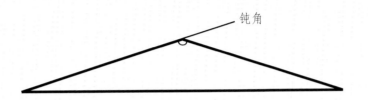

钝角

这座房子的房顶构成了一个钝角。如果我们画一条直线，把房顶的左右两边连起来，就能得到一个钝角三角形。

这只小狗正在爬一个呈钝角的斜坡。钝角就是大于 90°，小于 180°的角。

金字塔

"哇，那是什么？"帕拉斯问，"好高啊。"

雷奥和帕拉斯面前是一堆石头。
石头像阶梯那样一层一层堆起来，到顶上已经成了一个小点。

"那是金字塔。"雷奥说。
"可是为什么要把一堆石头放在那里呢？"帕拉斯问。

"它是一个墓地，"雷奥说，"下面有死去的人和其他东西。"
"这样啊，"帕拉斯说，"那你还是自己过去吧！"

"上面的风景非常好。"雷奥说。
"等你下来告诉我吧。"帕拉斯说。
于是，雷奥独自一人出发了。

帕拉斯坐下来等雷奥，他闻了闻空气。
空气中到处都是很浓的骨头味儿。虽然闻起来不是新鲜的骨头，但还是骨头啊！

帕拉斯开始刨土，挖洞。
他刨啊挖啊，终于找到了骨头。

好古老的骨头！

金字塔

金字塔是一种有三个或四个三角形的面的建筑，它的底部可以是三角形或正方形。

下图中，四个面相交于一点，这个点叫作顶点。

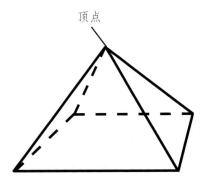

古老的金字塔

中美洲的玛雅金字塔，相当于现在的二十层楼那么高。它们都是阶梯金字塔，塔顶上通常有寺庙。

玻璃金字塔是一个由金属框架和大块的玻璃构成的金字塔，位于法国巴黎卢浮宫前的庭院中。

埃及的吉萨金字塔建于约四千六百年前，用来存放古埃及国王的遗体和物品。研究吉萨金字塔可以帮我们了解古代埃及人的生活。

棱镜

"看那儿。"帕拉斯指着天空说。

"那是彩虹，"雷奥说，"光线经雨滴折射后，被分成几种不同的颜色。"

"从红到紫，七种颜色依次排列，就像一条带子，这被称为光谱。"

帕拉斯想要更近距离地看一看彩虹，于是雷奥告诉他一个办法。

"这儿有一块三角形的玻璃，是我们上次在火山上捡的，"他说，"它很平滑，可以当作棱镜使用，把光分开。"

"你看！"雷奥边说边把棱镜对向阳光。

空气中的水滴起到了棱镜的作用，彩虹出现了。

棱镜

　　棱镜是一块三角形的玻璃，可以用来分解太阳光，也叫白光。白光实际上是各种颜色的光的混合。光照射到棱镜的一个侧面上时会发生偏折，或者说改变路径。光从棱镜的另一个侧面射出时，不同颜色的光偏折的角度不同，于是我们就看到了类似彩虹的景象。

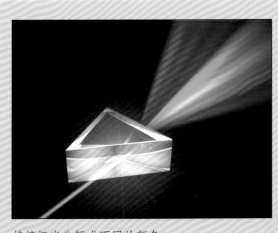

棱镜把光分解成不同的颜色。

五边形

雷奥命令帕拉斯站在原地，不要动。

他在地上画了一个图形，把帕拉斯围在里面。"这是个魔法阵。"他说。

帕拉斯可不相信什么魔法，这就是一个平平常常的有五条边的形状，只不过所有的边都一样长。接着，雷奥把对着的角都连起来，得到了好多个三角形。

"你现在站在一个大五边形里的五角星里的小五边形里，"雷奥说，"现在我要施魔法了。"

帕拉斯很担心，"什么魔法啊？"

"你别动啊，"雷奥说，"我来念咒语，阿不拉卡拉！"

雷奥等着，帕拉斯也在等着，但什么都没发生。

"唉！"雷奥叹了口气，"你应该变成兔子的。"

帕拉斯飞快地跳了出去，趁着咒语还没起作用。

五边形

五边形是有五条边的多边形，是一种平面图形，五条边首尾相接。如果五边形所有的边都一样长，角都一样大，那它就是正五边形。

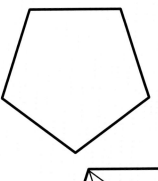

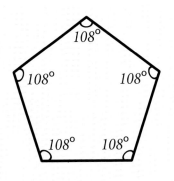

正五边形的每一个角都是 108°。

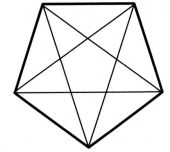

五角星是一种有五个顶点、五个尖角的图形，正好能放进一个五边形里面。把五边形相对的角两两连接起来，你就能得到一个五角星。

这朵花的形状像一个五角星。

足球表面是由正五边形和正六边形皮料缝制而成的。

五角大楼

五角大楼是美国国防部总部的大楼，位于弗吉尼亚州的阿灵顿，是一栋五边形建筑。它地上有五层，地下有两层，大约有两万六千名军人及其他人员在这里工作。

五边形的美国国防部总部大楼

六边形

雷奥的样子非常奇怪。

他头上戴了个像头盔一样的东西。

"把这个戴上，"他告诉帕拉斯，"它可以保护你的头。"

"为什么？"帕拉斯问，"为什么要保护我的头？"

"要不然蜜蜂会蜇你，"雷奥说，"我们要去找蜂蜜。"

雷奥向帕拉斯示范该怎么做。

首先，他把烟筒点着。

"烟会让蜜蜂安静下来。"他告诉帕拉斯。

然后，他打开蜂箱，拿出里面的巢框。

他一次拿出一块巢框，小心地把上面懒洋洋的蜜蜂刮掉。

蜂巢由好几百个完美的六边形巢室组成，每一个巢室里都盛满了金黄色的蜂蜜。

雷奥把蜂蜜刮进罐子里。

最后，他们开始享用蜂蜜。"啊！"

六边形

六边形是有六条边的多边形。

六边形有六条边和六个角，或者说有六个顶点。

正六边形的六条边都一样长。

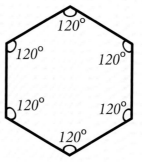

正六边形的每一个内角都是120°。

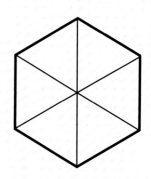

正六边形可以被分成六个等边三角形。

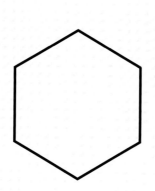

雪花的形状是六边形。

乌龟壳上的盾片是六边形的。

蜜蜂的蜂巢是六边形。因为这种形状的蜂巢更坚固，建造的时候用的蜂蜡更少。

术语

顶点是一种图形、一件物品或一栋建筑中最突出的部分,各条侧边会在这里交汇。三角形每两条边交汇的地方叫顶点。

斜边是直角三角形的最长的那条边。

建筑上会用到桁架。桁架可以由一个或多个三角形的框架组成,起支撑作用。

索引